敏敏不說話

認識選擇性緘默症

Ms.Wincy 著
A-four 繪

推薦序

近年社會對兒童及青少年的精神健康日益關注，對一些常見情況如專注力不足／過度活躍症、自閉症譜系障礙等認識亦有所增加。對於選擇性緘默症，相信大部分市民都未必認識，導致受影響的小朋友被誤以為「冇禮貌」，未有及時治療，亦對其學業及社交造成重大影響。此繪本以淺白及形象化的方式描述患有選擇性緘默症的小朋友所遇到的困難，相信對提升社會對此疾患的關注及認識有莫大幫助。

葉沛霖醫生
精神科專科醫生

臨床上，不時都會聽見一些家人對患有選擇性緘默症兒童的誤解，認為他們害羞怕事，不嘗試作出改變。

此繪本利用簡潔的手法展示患者的憂慮，及他們日常生活遇到的困難和無奈。剔除患病的污名，讓患者及其家人能更有效地處理選擇性緘默症的狀況。大家多一份明白，多一份關懷。

利雪兒女士
臨床心理學家

書名：敏敏不說話——認識選擇性緘默症

作者：Ms. Wincy
編輯：青森文化編輯組、謝曉彤
設計：A-Four
繪圖：A-Four
出版：紅出版（青森文化）
地址：香港灣仔道133號卓凌中心11樓
出版計劃查詢電話：(852) 2540 7517
電郵：editor@red-publish.com
網址：http://www.red-publish.com

出版日期：2023年3月
圖書分類：童書 / 自我認同 / 心理
ISBN：978-988-8822-48-5
定價：港幣125元正

大家好，我是Wincy。
本書的主角「敏敏」是按照我的童年模樣所繪畫而成的，大部分情節均根據真實經歷編寫。「敏敏」這個名稱除了是形容很多「選緘症」患者的高敏感特質，也向一位中學及少年時期陪伴我很多的好朋友「敏敏」致意，見證了我在群體生活中的成長。

我童年時，經常因為說不出話而給老師誤會或錯過大小機會，不同程度的「害怕」與「擔憂」都像剎車腳踏般阻止了我的聲音，萬幸是我的樣子長得文靜，加上那個年代並沒有這麼多口試、面試及小組討論，總算是低著頭熬過去了。

慢慢成長，少年時期的我用盡方法讓自己「大膽」說話，其實我內心的緊張卻沒有減少，焦慮在人生階段爆發時，壓力濕疹也都出現了，甚至影響學習時的記憶力和判斷力。故此，我不斷地鍛鍊自己，也把握機會進修、裝備技巧，成為教師、治療師。我更鼓起勇氣成立了非牟利機構香港選擇性緘默症協會，提供公眾教育及專業培訓，讓更多人了解及認識選擇性緘默症情況。希望更多小朋友能及早被識別、介入處理，得到適切幫助。

十分感謝畫師的細緻繪畫，透過「敏敏」不同的表情及肢體語言，我希望大家能了解「選緘症」常見的神情動態、行為反應，從而認識到「普通怕羞」與「選緘症」的不同之處。

敏敏是一個很乖、很開朗的孩子。

早上媽媽叫敏敏起床，她就向媽媽、毛公仔寶寶說早晨。

寶寶是敏敏的好朋友，就算是吃早餐也要坐在一起。

敏敏換好校服便出門上學了，她愉快地拖著
媽媽的手，邊走邊唱著學校老師教的兒歌。

在電梯大堂，鄰居陳太太向敏敏和媽媽打招呼，
敏敏迅速躲在媽媽身後低下頭，嘴巴緊緊合上。

媽媽帶著敏敏上學，
敏敏說：「媽媽，學校的茶點
是最好吃的，你知道嗎？」
媽媽說：「那麼你想吃多一點
就要跟老師說啊！」

到了學校門口，敏敏見到班主任黃老師，黃老師說：「敏敏早晨！」敏敏看一看黃老師後，就像機械人般慢慢走向課室。

有誰要添茶點啊？

在課室裡，黃老師見到敏敏都不會主動舉手說上廁所，茶點時間不說要添吃餅乾。故事時間也沒有回答老師發問的問題。

在遊戲時間，即使同學美美玩滑梯時，不小心把敏敏撞倒在地上，敏敏也沒有告訴老師。

今天敏敏不小心被同學碰跌，卻沒有發出聲音。
這樣子嗎？
黃老師再見！

只是黃老師剛好見到，就立刻扶起敏敏，也在放學時告訴敏敏的媽媽。
今天開心嗎？有舉手拿茶點嗎？
…………

媽媽知道敏敏受傷也沒有
找老師，十分擔心。
LAUNDRY
你爲什麼不說話？
因爲我很害羞。

敏敏見到雪糕車便跟媽媽說：「媽媽我想吃軟雪糕！」媽媽想趁機會讓敏敏練習說話，於是給敏敏二十元，微笑地說：「你自己去買吧！」

敏敏走到雪糕車旁邊的小窗看著雪糕，努力嘗試……

Ice-cream
Ice-cream
Ice-cream
最後敏敏只能用手指
向雪糕的口味、遞出
二十元，媽媽幫敏敏
選了雪糕。
時間不早了，我
們約了公公婆婆
去吃飯。

爸爸嚴肅地說：「不可以這麼沒禮貌，快些叫公公！」敏敏愈想愈難說出話來。

接待處
歡迎
Welcome
敏敏，姨姨很久沒見你了！

吃飯時，姨姨想跟敏敏聊卡通片，
敏敏想說話卻沒有眞的說出來。

晚飯後，姨姨送了填色册給
敏敏，還陪她一起快樂地填
顏色。

離開時，敏敏很不捨地捉著姨姨的手。

敏敏用盡全身的氣力，向姨姨說再見。

後記

大部分孩子由牙牙學語開始說個不停，為何有些孩子總是不愛出聲？別人眼中的「害羞」，可能是「選擇性緘默症」（Selective Mutism）患者。選擇性緘默症是一個較易令家長及老師忽略的病症，若不及早介入處理，會影響孩子的學習及社交生活，嚴重者更會誘發其他情緒狀況。

選擇性緘默症是焦慮症的一種，在台灣有數據顯示大約每140個小學生中有1個有選擇性緘默症徵狀，而女性患者的比例較多。事實上據外國流行病學研究，患者初發現的年齡較多會出現在2.7-4.5歲，較常在入學後被發現，如果及早介入治療，3-5歲孩子的治癒率相當高，亦能減低往後的負面影響。

對孩子行為敏感的家長會較易發現選擇性緘默症孩子的症狀，如發現孩子很怕陌生人，即使到公園玩也怕和其他孩子一起玩，會緊握家長的手不願走近人，在學校持續不與其他人說話。外人看來甚至會以為孩子是不懂說話甚至語言發展遲緩，但當回到熟悉的環境（如家裡）又可以回復正常。

香港選擇性緘默症協會於2022年5月發佈本地首個「香港兒童選擇性緘默症調查」計劃，成功訪問了750名家長及幼稚園老師，了解本港兒童患「選緘症」的情況、「選緘症」的認知度，及社會對「選緘症」的支援等。發現選擇性緘默症在香港的認知度與宣傳都甚低，家長及老師分別有超過8成及超過4成沒有聽過選擇性緘默症，但在認識「選緘症」的特徵後，有7成教師認為有遇過這類孩子。明顯地，不少患者可能因為身邊成年人的敏感度不足，而錯過及早介入的機會。